# 这本书的主人是：

航天员 ____________________

献给毛姆和寇拉，感谢你们陪我一起参观洛厄尔天文台。——斯泰西·麦克诺蒂

献给我亲爱的朋友，麦琪、娜塔莎和吉欧。——史蒂维·李维斯

献给克莱德·汤博、威妮夏·伯尼·费尔，以及奈尔·德葛拉司·泰森，还要献给所有喜欢我的地球人。——冥王



版权贸易合同登记号　图字：01-2024-3151

图书在版编目（CIP）数据

冥王星：冰冻之地 / (美) 斯泰西·麦克诺蒂著；(美) 史蒂维·李维斯绘；张泠译. -- 北京：电子工业出版社, 2024. 10. -- (我的星球朋友). -- ISBN 978-7-121-48762-0

Ⅰ. P185.6-49

中国国家版本馆CIP数据核字第2024DQ1638号

审图号：GS京（2024）1994号
本书插图系原书插图。

责任编辑：耿春波
印　　刷：北京缤索印刷有限公司
装　　订：北京缤索印刷有限公司
出版发行：电子工业出版社
　　　　　北京市海淀区万寿路173信箱　邮编：100036
开　　本：889×1194　1/12　印张：23.5　字数：119千字
版　　次：2024年10月第1版
印　　次：2024年10月第1次印刷
定　　价：168.00元（全7册）

凡所购买电子工业出版社图书有缺损问题，请向购买书店调换。若书店售缺，请与本社发行部联系，联系及邮购电话：（010）88254888，88258888。

质量投诉请发邮件至zlts@phei.com.cn，盗版侵权举报请发邮件至dbqq@phei.com.cn。

本书咨询联系方式：（010）88254161转1868，gengchb@phei.com.cn。

# 冥王星

## 不是行星？那又怎样！

[美]斯泰西·麦克诺蒂/著 [美]史蒂维·李维斯/绘

张泠/译 大宝老师/审

# 冰冻之地

電子工業出版社
Publishing House of Electronics Industry
北京·BEIJING

# 很高兴认识你！

我的名字叫**冥王星**。

我自信、爱玩，深受大家喜爱。

我不是一颗行星。

我生活在一个充满爱的大家庭里。

你可以把我看成这个家里的宠物，是家人们忠实的朋友。

千万别觉得我又古板又无聊。

宠物星，好吧？

太阳系大家庭里有八个行星。

**水星**——跑得最快

**金星**——温度最高

**火星**——红彤彤

**地球**——有好吃的冰激凌和好看的书

**木星**——大个子

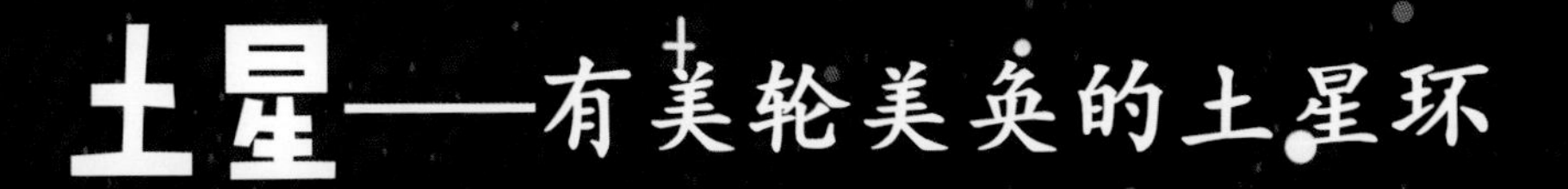

还有我，小小的、可爱的**我**。

但我并不是一颗行星。

我跟他们都出生在45亿年前。

我们其实是一家人。

我爱这个行星大家庭，
但我一直觉得自己跟他们不太一样。
我很**特别**——
一个小不点儿。

**我**比水星还要小。

地球的伙伴月亮，都比我大。

跟地球、火星和其他行星一样，

我会自转。

我也会跟着我最大的伙伴

**冥卫一**一起转。

我们是最好的玩伴，就喜欢一起转圈圈。

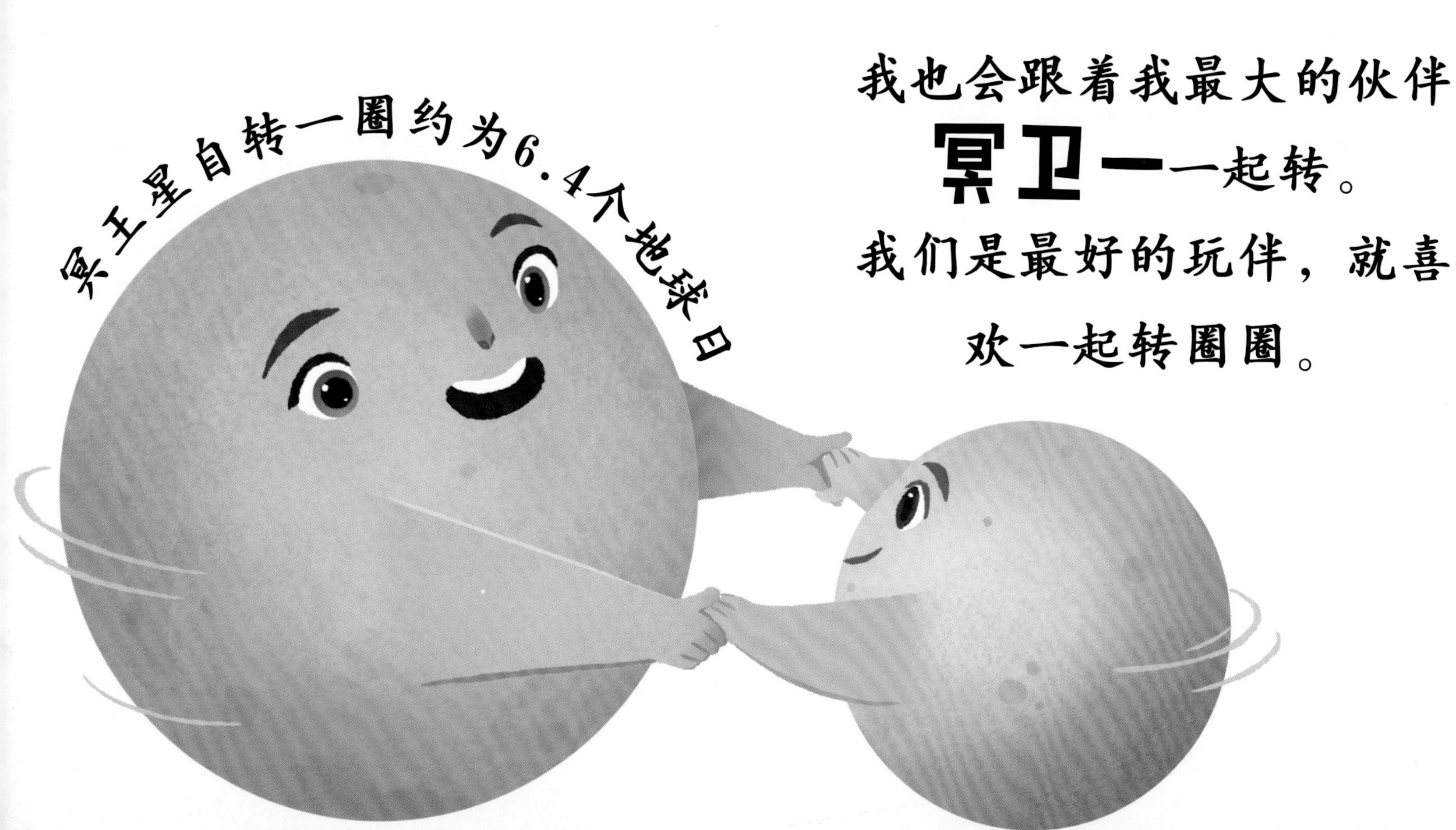

正如你们人类看到的那样，我至少还有另外四个朋友。
冥卫五和冥卫二
PLUTO
冥卫四和冥卫三

我公转的速度很慢，

绕太阳转一圈大约需要用248个地球年。

而且，我的轨道与别的行星也不一样，

我的轨道是倾斜的。

圆圆的我是太阳系中的“小可爱”，

迷人又美丽。

你们看，我有一颗心！

这颗心被你们称为**“汤博地区”**。

我有广袤无垠的冰原，冰原边缘是冰山。
我特别寒冷，但这不妨碍我做你友善的朋友。

我的平均温度低于-200℃，
约为-238℃到-228℃之间。

想要找到我，你就得向后退……
对，再退开一些！
如果地球距离太阳只有
一步之遥，

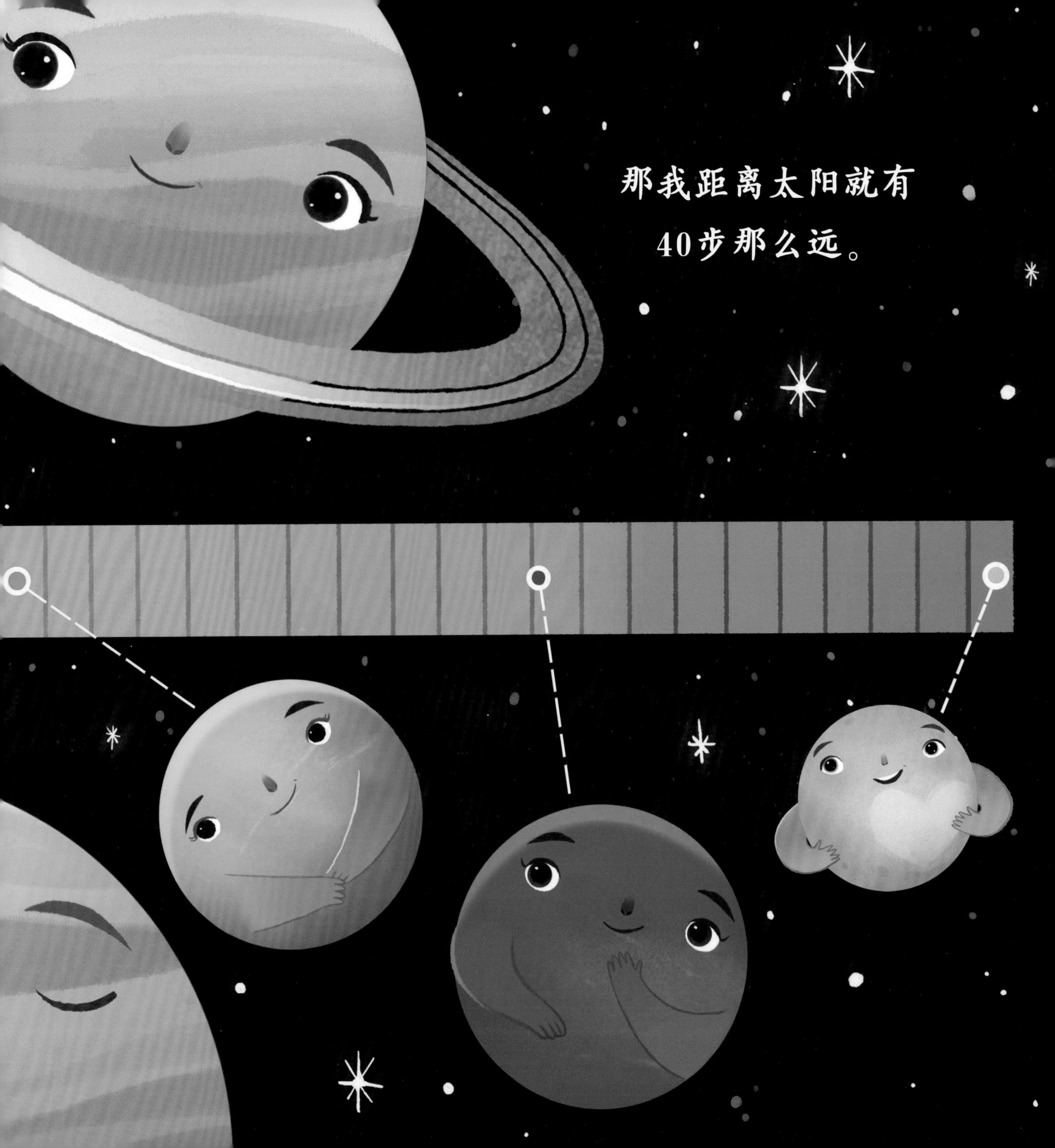

那我距离太阳就有
40步那么远。

以前，地球人仰望夜空的时候，怎么都看不到我。

我拼尽全力呼喊都没用。

不用望远镜，你们裸眼就能看到水星、金星、火星、木星和土星。

但是……

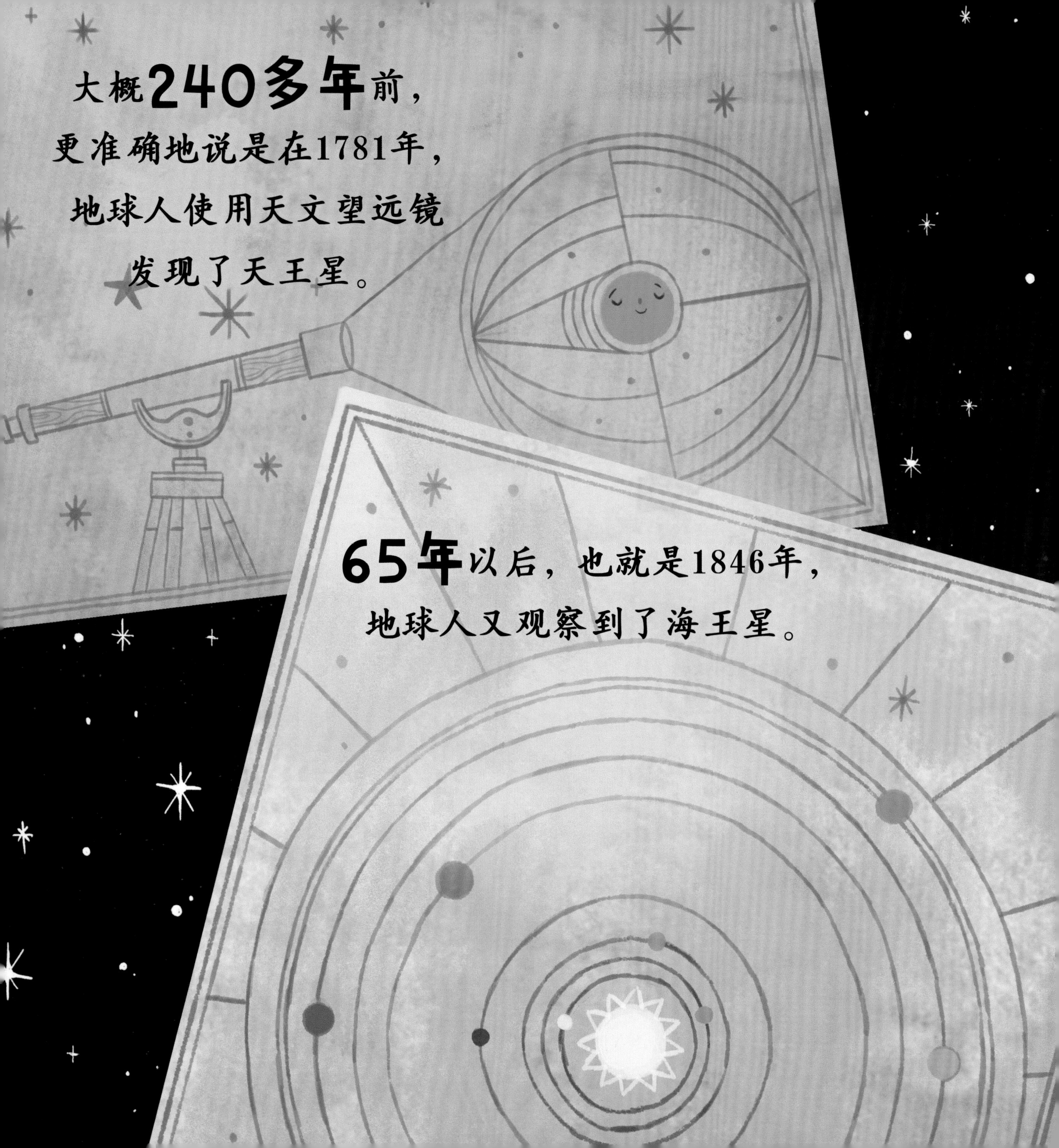
大概240多年前，
更准确地说是在1781年，
地球人使用天文望远镜
发现了天王星。
65年以后，也就是1846年，
地球人又观察到了海王星。

我等啊，等啊……
我都快等睡着了。
直到有一天……

1930年2月18日

是我最开心的日子!

# 多年探寻终于发现

# 太阳系中又一颗新行星

## 最可爱行星终被发现!

我终于不再孤独。

地球人十分喜爱我，
就像爱自己家的宠物一样。
他们宣布我为第九颗行星。
英格兰一位11岁的小姑娘给我
取了“冥王星”这个名字。

能加入这个大家庭，你能想象

我有多激动、多开心吗？

嗨，哈勃！
哦，把我拍成这样，
也算不错了。

后来，地球人发射了一艘航天器对我做了一次近距离拍摄。

这艘航天器飞了九年半才飞到我这里。

嗨，**新地平线号！**

哦，这次拍得十分清晰！

科学家们用了76年的时间终于意识到
我跟其他的八颗行星并不一样。
他们发布了官方的认定规则。

没有邻居，意思就是要足够大，
让其他天体望而生畏，
在围绕恒星公转的轨道上，把别人都吓跑。
但是我却十分友善，毫不介意跟别人分享空间。

天文学家发现了天体的新种类。

# 矮行星！

我并不孤单。阋神星和
谷神星也都是矮行星。

后来，鸟神星和妊神星也加入了我们的行列。

我相信，未来还会有更多的同类被发现。

所以，请你一定要记住我，我是**冥王星**！

我不是一颗行星，但是，那又怎样！

## 亲爱的冥王星爱好者们：

有人说冥王星是行星，还有人坚持说冥王星是矮行星，你支持哪一派呢？我自己是这样想的：不管地球人给冥王星贴上什么样的标签，我都会跟这颗小巧可爱的星球站在一起。

100年前，人们甚至不知道冥王星的存在，而现在，我们已经为它发生争论，因它修改定义，这不是恰好证明我们对宇宙的研究越来越深入了吗？这难道不更加精彩吗？我们还发现了系外行星、黑洞、新的月亮、柯伊伯带，等等。因为我们不断发现新天体，我们才会为给新天体分类而争执不休。新发现总是鼓舞人心的，对吧？

你忠实的朋友

**斯泰西·麦克诺蒂**

作家，冥王星战队成员

另：光的速度约为30万千米/秒。科学研究的进步肯定不能像光速那么快，但有时候，确实让人有日新月异的感觉。我已经尽我所能将最新、最准确的信息告诉你了，有些信息会因为科技的发展而更新，让我们一起期待吧。

## 冥王星，还是地球？

下面的话，是冥王星说的，还是地球说的？或者他们两个都可以这么说？

1. **“毫无疑问，我是个行星。”**

地球。2006年以前，冥王星也可以这么说。2006年，国际天文学联合会制定了行星的官方定义，还发布了一个新的矮行星序列，冥王星就被归类在这个新的序列中。

2. **“汪，汪！我跟大家熟知的卡通狗重名。”**

冥王星。1930年春天，英格兰一个11岁的小姑娘威妮夏·伯尼，为这颗“当时的行星”取了这个名字。1931年，这个冥王星的英文Pluto和迪士尼公司的卡通狗的英文名字是一样的。

3. **“想看高山？那就来我这里吧！”**

地球和冥王星。地球上有很多山，有些甚至分布在海底。冥王星上的山都是冰山。冥王星上特别寒冷，那里的冰山比岩石还要坚硬。

4. **“嗖！我比水星转得快。”**

地球和冥王星。地球自转一周需要24小时，也就是我们所说的一个地球日。冥王星自转一周需要6.4个地球日。但是它们的自转速度都比水星的快。水星自转一周需要将近59个地球日。

5. **“别急，请耐心的等待！太阳光需要5.5小时才能照到我这里哦。”**

冥王星。冥王星距离太阳的平均距离是59.1亿千米，太阳光需要5.5小时才能到达。而太阳光到达地球的时间是8分钟。

6. **“两人一起很麻烦？还是成双成对更开心？因为我的伙伴，我也常常被称为双行星系。”**

冥王星。我们地球的月亮一直绕着地球转。但是冥王星最大的“月亮”——冥卫一——并不绕着冥王星转。实际

# “数”说冥王星

9——在长达76年的时间里，冥王星都被认为是太阳系的第九颗行星。

5910000000——冥王星和太阳之间的平均距离约为59.1亿千米。

40——地球距离太阳1AU，冥王星距离太阳40AU。

144——冥王星上的一天长达约144个小时，比6个地球日还要多一些。

248——一个冥王星年大约相当于248个地球年。自从冥王星被发现到今天，它都还没有绕着太阳转完一圈。

2377——冥王星的直径约为2377千米，比月球的直径还要小。

5——天文学家已经发现了围绕冥王星转的五个卫星：冥卫一、冥卫二、冥卫三、冥卫四和冥卫五。

1930——1930年2月18日，克莱德·汤博在美国亚利桑那州的洛厄尔天文台发现了冥王星。

# 什么是行星？

2006年的国际天文学联合会会议上，天文学家将冥王星归类为矮行星。有些人将这视为“降级”，但我们不如简单地将其看成是一种改变。多年以来，科学家们在太阳系中更远的地方不断发现新的天体，这些天体都比冥王星小，直到人们发现了阋神星。科学家们需要决定阋神星是否也可以被认定为一颗行星。于是，定义行星的新规则应运而生。

行星要满足以下三个条件：

- 绕恒星公转
- 球形
- 清除公转轨道上的其他天体

前面两项很容易理解。行星围绕恒星公转。地球围绕太阳公转一周需要365个地球日，我们称之为1个地球年。行星通常是球形的。但是第三项“清除公转轨道上的其他天体”，这一点有些难理解。而冥王星正是因为不符合这一项才被重新定义的，阋神星也同样如此。

想象一下，地球、其他七颗行星和冥王星就像跑道上的选手一样绕着太阳公转，每位选手都有自己的跑道。行星不会允许自己的跑道上有与自己差不多大的其他选手。但是冥王星没有这样做，它与其他天体分享同一条轨道。所以它不是行星，而是友善好客的矮行星。

矮行星被定义为：

- 绕恒星公转
- 球形
- 不清除公转轨道上的其他天体
- 不是卫星（也就是说，不是月亮这种天体）